四川省工程建设地方标准

四川省公共建筑能耗监测系统技术规程

Technical specification for metering system
of energy consumption of public building in Sichuan Province

DBJ51/T 076 – 2017

主编部门：四川省住房和城乡建设厅
批准部门：四川省住房和城乡建设厅
施行日期：2017年8月1日

西南交通大学出版社

2017 成 都

图书在版编目（CIP）数据

四川省公共建筑能耗监测系统技术规程 / 四川省建设科技发展中心主编. 一成都：西南交通大学出版社，2018.1

（四川省工程建设地方标准）

ISBN 978-7-5643-5921-8

Ⅰ. ①四… Ⅱ. ①四… Ⅲ. ①公共建筑 - 建筑能耗 - 监测系统 - 技术规范 - 四川 Ⅳ. ①TU242-65

中国版本图书馆 CIP 数据核字（2017）第 292621 号

四川省工程建设地方标准

四川省公共建筑能耗监测系统技术规程

主编单位　四川省建设科技发展中心

责任编辑	姜锡伟
助理编辑	宋一鸣
封面设计	原谋书装
出版发行	西南交通大学出版社 （四川省成都市二环路北一段 111 号 西南交通大学创新大厦 21 楼）
发行部电话	028-87600564　028-87600533
邮政编码	610031
网址	http：//www.xnjdcbs.com
印刷	成都蜀通印务有限责任公司
成品尺寸	140 mm × 203 mm
印张	2.5
字数	61 千
版次	2018 年 1 月第 1 版
印次	2018 年 1 月第 1 次
书号	ISBN 978-7-5643-5921-8
定价	26.00 元

各地新华书店、建筑书店经销

图书如有印装质量问题　本社负责退换

关于发布工程建设地方标准《四川省公共建筑能耗监测系统技术规程》的通知

川建标发〔2017〕275号

各市州及扩权试点县住房城乡建设行政主管部门，各有关单位：

由四川省建设科技发展中心主编的《四川省公共建筑能耗监测系统技术规程》已经我厅组织专家审查通过，现批准为四川省推荐性工程建设地方标准，编号为：DBJ51/T076－2017，自2017年8月1日起在全省实施。

该标准由四川省住房和城乡建设厅负责管理，四川省建设科技发展中心负责技术内容解释。

四川省住房和城乡建设厅

2017年4月27日

前 言

根据四川省住房和城乡建设厅《关于下达四川省工程建设地方标准〈四川省公共建筑能耗监测系统技术规程〉编制计划的通知》(川建标发〔2014〕85号)的要求，规程编制组经大量、深入的调查研究，认真总结本省公共建筑能耗监测系统建设的实践经验，参考有关的国内标准，并在广泛征求意见的基础上，制定了本规程。

本规程共分9章4个附录，主要内容包括：总则、术语、基本规定、能耗监测信息分类及分项、建筑能耗监测系统、施工与调试、系统检测、系统验收、系统运行维护。

本规程由四川省住房和城乡建设厅负责管理，四川省建设科技发展中心负责具体技术内容的解释。

本规程在执行过程中，请各单位结合工程实践，认真总结经验，将有关意见和建议反馈给四川省建设科技发展中心(地址：成都市人民南路四段36号，邮编：610041，联系电话：028-85531347)，以供今后修订时参考。

主编单位：四川省建设科技发展中心
四川省建筑科学研究院

参编单位：四川观想科技股份有限公司
四川省佳宇建筑安装工程有限公司

主要起草人：薛学轩　于　忠　徐斌斌　游　炯
李　斌　冉先进　倪　吉　宋宇震

魏　强　陈　敬

主要审查人：杜毅威　袁艳平　陈　勇　黎　明

向　勇　王子云　杜　勇

目　次

Contents

1 总 则

1.0.1 为贯彻落实国家节能减排方针政策，强化我省公共建筑节能运行管理，指导公共建筑能耗监测系统的建设，制定本规程。

1.0.2 本规程适用于我省各类新建、改建、扩建和既有公共建筑能耗监测系统的设计、施工、验收和运行管理。

1.0.3 建筑能耗监测系统应作为新建建筑设备设施系统的组成部分，列入建设计划，与工程建设同步设计、建设、验收和投入使用。

1.0.4 公共建筑能耗监测系统工程建设除符合本规程外，尚应符合国家和四川省现行有关标准的规定。

2 术 语

2.0.1 公共建筑 public building

供人们进行各种公共活动用的建筑。

2.0.2 建筑能耗监测系统 metering system of energy consumption

通过对公共建筑安装分类和分项能耗计量装置，采用远程传输等手段实时采集能耗数据，实现建筑能耗的在线监测和动态分析功能的硬件系统和软件系统的统称。

2.0.3 分类能耗 different sorts of energy consumption

按照公共建筑消耗的主要能源种类划分的能耗，包括电、水、燃气（天然气、液化石油气或人工煤气）、集中供热量、集中供冷量、煤、汽油、煤油、柴油、建筑直接使用的可再生能源及其他能源消耗等。

2.0.4 分项能耗 energy consumption of different items

按照公共建筑消耗的各类能源的主要用途划分，包括照明插座用电能耗、采暖空调用电能耗、动力用电能耗和特殊用电能耗等。

2.0.5 能耗计量装置 metering device of energy consumption

用来度量分类分项能耗等建筑能耗的传感器（变送器）、二次仪表及辅助设备的总称。

2.0.6 数据采集器 data acquisition unit

通过信道对其管辖的各类能耗计量装置的信息进行采集、处理和存储，并与数据中心交换数据，具有实时采集、自动储存、即时显示、即时反馈、自动处理以及自动传输等功能的设备。

2.0.7 定时采集 timing acquisition

数据采集器根据设定的参数自动定时采集建筑能耗数据的模式。

2.0.8 命令采集 command acquisition

数据采集器根据数据中心下达的指令采集建筑能耗数据的模式。

2.0.9 能耗数据中心 data center of energy consumption

由计算机系统和与之配套的网络系统、存储系统、数据通信连接装置、环境控制设备以及各种安全装置组成，具有采集、存储建筑能耗数据，并对能耗数据进行处理、分析、显示和发布等功能的一整套设施。

2.0.10 能耗监测系统应用软件 energy monitoring system application software

监测建筑业主或管理者实现能耗数据采集、接收、数据处理、数据分析、数据展示、数据远传的软件系统。

2.0.11 建筑能耗监测控制室 monitoring control room of energy consumption for building

建筑能耗监测系统的业主端控制室。

3 基本规定

3.0.1 公共建筑能耗监测系统应由能耗数据采集系统、能耗数据传输系统和能耗数据中心的软硬件设备及系统组成。

3.0.2 公共建筑能耗监测系统应按上级数据中心要求自动、定时发送能耗数据信息。

3.0.3 数据采集器完成建筑能耗原始数据的采集、预处理及存储，并将建筑能耗原始数据或预处理数据自动、定时上传到数据中心和应用软件系统，或按要求传输任意时段的原始数据或预处理数据，接受数据中心对能耗监测原始数据和基本统计数据的查询和调阅，可具备一定的本地管理功能。

3.0.4 建筑能耗监测系统应具有长期、连续、稳定运行的能力，系统数据保存时间应不少于3年，数据采集器数据保存时间应不少于30 d。

3.0.5 能耗数据采集方式应包括人工采集方式和自动实时采集方式。通过人工采集方式采集的数据应包括建筑基本情况信息和其他目前尚不能通过自动实时方式采集的能耗数据。

3.0.6 对于既有建筑能耗监测系统，应充分利用现有建筑设备监测系统、电力管理系统的既有功能，实现数据共享。

3.0.7 建筑能耗监测系统的建立不应影响各用能系统既有功能，降低系统技术指标。

4 能耗监测信息分类及分项

4.1 一般规定

4.1.1 系统采集的能耗数据应全面、准确、及时，能客观反映建筑运营过程中各类能源的消耗状况。采集的信息应便于对建筑能耗数据进行归类、统计和分析。

4.1.2 建筑能耗监测信息应包括建筑基本信息和能耗数据两部分。

4.2 建筑基本信息

4.2.1 建筑基本信息应根据建筑规模、功能、用能特点划分为基本项和附加项。

4.2.2 基本项为建筑规模和建筑功能等基本情况的数据，应包括建筑名称、建筑地址、建设年代、建筑层数、建筑功能、总建筑面积、空调面积、采暖面积、建筑空调系统形式、建筑采暖系统形式、建筑体型系数、建筑结构形式、建筑外墙材料形式、建筑外墙保温形式、建筑外窗类型、建筑外墙或幕墙玻璃类型、窗框材料类型、经济指标（电价、水价、气价、热价）、填表日期、能耗监测工程竣工验收日期。

4.2.3 附加项为区分建筑用能特点情况的建筑基本情况数据，分别应包括下列内容：

1 办公建筑：办公人员人数；

2 商场建筑：商场日均客流量、运营时间；

3 宾馆饭店建筑：宾馆星级（饭店档次）、全年平均入住率、宾馆床位数量；

4 文化教育建筑：影剧院建筑和展览馆的参观人数、学校学生人数等；

5 医疗卫生建筑：医院等级、医院类别（专科医院或综合医院）、就诊人数、床位数；

6 体育建筑：体育馆建筑客流量或上座率；

7 综合建筑：综合建筑中区分不同功能区用能特点情况的基本数据；

8 其他建筑：其他建筑中区分建筑用能特点情况的建筑基本情况数据。

4.2.4 建筑基本信息可以表格方式人工录入，具体应符合本规程附录 A“建筑基本信息表”的规定。

4.3 能耗数据分类、分项

4.3.1 根据建筑用能类别，建筑能耗的分类应符合表 4.3.1 的规定。

表 4.3.1 建筑能耗分类

能耗分类	编码
电	01
水	02
燃气（天然气、液化石油气和人工煤气）	03
集中供热量	04
集中供冷量	05

续表

能耗分类	编码
煤	06
汽油	07
煤油	08
柴油	09
建筑直接使用的可再生能源	10
其他能源	11

4.3.2 能耗数据的分项应符合下列规定：

1 生活用水一级子类水耗应按不同使用性质及计费标准分类进行分项，对于独立经营和用水量大的区域应分项计量。

2 电量能耗宜按用途不同区分为 4 个分项，包括照明插座用电、空调用电、动力用电和特殊用电。电量能耗分项应符合表 4.3.2-1 和表 4.3.2-2 的规定。

3 燃气类能耗可分为厨房餐厅和其他两个分项。

表 4.3.2-1 电量能耗分项

分项用途	分项名称	一级子项
常规电耗	照明插座用电	室内照明与插座
		公共区域
		室外景观
	空调用电	冷热源系统
		空调水系统
		空调风系统

续表

分项用途	分项名称	一级子项
常规电耗	动力用电	电梯
		水泵
		通风机
特殊电耗	特殊用电	信息中心
		洗衣房
		厨房
		游泳池
		健身房
		洁净室
		其他

表 4.3.2-2 电量能耗分二级分项

二级子项	二级子项编码
冷机	A
冷却泵	B
冷却塔	C
电锅炉	D
采暖循环泵	E
补水泵	F
定压泵	G
冷冻泵	H
加压泵	I
空调机组	J
新风机组	K
风机盘管	L
变风量末端	M
热回收机组	N

4.3.3 建筑能耗的分类、分项在能耗监测数据中应以编码方式确定，并随建筑物编码之后排列。编码的具体规定和排列方式应符合本规程附录B“能耗数据编码方法”的规定。

5 建筑能耗监测系统设计

5.1 一般规定

5.1.1 建筑能耗监测系统设计应结合建筑物功能特点、用能类别和用能设备运行过程,满足建筑能耗监管体系的要求。

5.1.2 系统应包括建筑物内各类能源消耗在线计量及能耗数据的采集、传输、处理等部分。无法自动计量的耗能(如燃煤等),系统应允许人工录入耗能数据。

5.2 系统设计

5.2.1 既有建筑在新增监测系统设计之前应先进行现场调研,主要应包含下列内容:

1 建筑物详细信息。包括建筑的类型、建设年代、建筑功能、总建筑面积、建筑楼栋数量、层数、建筑体形系数、建筑外围护热工参数、空调的使用面积、空调系统的构成及运行模式、供冷及供暖的时间等。

2 建筑配电支路的详细信息。根据电能分项对建筑的配电支路的详细信息进行调研,准确了解每个支路的下级去路及末端设备,包括末端设备所负责的区域、基本功能、设备的额定功率和实际运行功率以及运行方式等。

3 绘制建筑配电系统树形图。按照现场调研的结果绘制出建筑配电系统树形图,明确建筑的配电系统构成。

4 建筑水表设置的详细信息。根据水耗分项对建筑供水情况的详细信息进行调研，了解水表设置的口径、位置、服务区域以及目前运行中存在的问题等。

5 建筑物冷热表设置的详细信息。对空调系统的类型、机组设备种类、管道材质和结构、运行特点等详细信息进行调研，根据实际情况确认冷热表的规格类别、安装方式、服务区域等内容。

6 建筑物气表设置的详细信息。根据建筑物实际用气情况，确认气表设置的口径、位置及服务区域以及目前运行存在的问题等。

7 制订初步方案。根据现场调研结果，形成调研报告并附调研表格，综合考虑建筑物现场条件，确定分项计量初步方案。

5.2.2 能耗监测初步设计文件应包括下列内容：

1 本建筑物（群）用能类别和用电负荷情况、主要耗能设备设施类别及分布、分类分项供能系统图。

2 系统设计说明及技术指标。

3 各类能耗计量方式和数据采集方式。

4 能耗监测点和数据采集点平面布置图及其表格。

5 能耗监测系统图。

6 计量装置技术指标及安装详图。

7 建筑物内系统传输设备安装、布线和接线详图以及抗干扰、防静电、防浪涌措施。

8 能耗信息管理系统软件架构说明。

9 向上级数据中心和物业管理部门发送能耗数据的信息传输方式和传输协议。

10 系统设备清单。

11　能耗监测控制室设计图（装修、平面、供配电等）。

5.2.3　施工图设计文件中应对下列环节进行重点描述：

1　设计说明中应重点对计量系统设计的原则、范围、计量表具和设备选用情况。

2　安装前后配电系统原理图对比。

3　配电设备和计量系统设备布置图。

4　低压配电系统计量表具安装位置一次线示意图：图中应含有出线开关额定容量、互感器变化、供电回路名称、表具位置及编号等内容。

5　表箱内计量表具的安装布置、数据采集器传输接线图。

6　计量表具接线原理图、低压柜端子布置图。

7　电缆目录：包括供给表计的电压、电流回路线缆以及信号传输线缆。

8　设备材料表：包括系统所需的计量表具、表箱、数据采集传输设备等所有安装所需材料。

9　数据采集系统结构图。

5.3　能耗数据中心设计

5.3.1　数据中心应根据辖区内业务规模及业务需求，针对服务器和网络的硬件配置、软件、网络布线及机房进行设计。

5.3.2　服务器的配置应考虑接收/发送（通信）、数据库、数据分析、信息发布（WEB）、文件存储 / 数据备份、系统维护管理及防火墙、防病毒等功能。服务器的配置数量及功能划分可依据数据中心的业务性质、规模、数据流量等确定。

5.3.3　能耗数据中心硬件设备的配置应满足使用功能要

求、数据储存容量需求和数据交换带宽需求。硬件设备配置应包括服务器、交换机、存储设备、备份设备、防雷设备、不间断电源和机柜等。

5.3.4 能耗数据中心系统平台的设计应符合现行国家标准《电子政务系统总体设计要求》GB/T 21064 的有关规定。

5.3.5 数据分析展示子系统应包括下列内容：

1 数据报表和数据图表。包括各类日常工作的数据报表，以及对应不同度量值、不同展示维度的数据图表。

2 数据分析预处理。对于确定的时间序列，自动生成数据报表和数据图表。

5.3.6 能耗数据中心应使参与建筑能耗监测的建筑业主（或建筑的使用者）可以通过系统分配的账号登录系统，查看本建筑的实时能耗原始数据、分类分项能耗数据和同类型建筑的平均能耗数据等信息。系统应提供本建筑数据的导出功能。

5.3.7 建筑能耗监测信息经过整理后应发布到数据中心的互联网网站上。信息发布范围和深度由政务信息公开的相关规定确定。

5.3.8 应针对能耗监测平台需要的所有数据和建筑物概况等基础信息、建筑用能支路及监测仪表安装等专业配置信息、时间同步信息和用产权限信息等进行录入和维护。

5.3.9 应实时监测数据中心各系统运转状况，显示系统进行信息，显示异常信息和故障信息并发出报警信息。

5.4 能耗数据采集系统设计

5.4.1 能耗数据采集系统的设计应包括下列内容：

1 确定需要进行能耗数据采集的用能系统和设备。

2 选择能耗计量装置，并确定安装位置。

3 选择能耗数据采集器，并确定安装位置。

4 设计采集系统的布线，包括能耗计量装置与能耗数据采集器之间的布线、能耗数据采集器与网络接口间的布线。当能耗数据采集器与网络接口间的布线存在困难时，可采用无线网络传输方式。

5.4.2 数据采集器的性能应符合下列规定：

1 应具备 2 路及以上 RS-485 串行接口，每个接口应具备至少连接 32 台能耗计量装置的功能。接口应具有完整的串口属性配置功能，支持完整的通信协议配置功能，并应符合国家现行标准《基于 Modbus 协议的工业自动化网络规范》GB/T 19582 和其他行业及地方标准的有关规定。

2 应支持有线通信方式或无线通信方式，应具有支持与至少 2 个能耗数据中心同时建立连接并进行数据传输的功能。

3 应支持根据数据中心命令采集和主动定时采集两种数据采集模式，且定时采集周期宜从 5 min 到 1 h 灵活设置。

4 应采用嵌入式系统，功率应小于 10 W，不应使用基于 PC 机的系统。

5 应支持现场和远程配置、调试和故障诊断功能。

6 数据采集器的性能指标和电磁兼容性指标应符合本规程附录 D 的要求。

5.4.3 能耗数据采集器数据处理应符合下列要求：

1 应支持对采集的能耗数据具有加、减、乘法等算术运算功能。

2 应能根据远传数据包格式，在数据包中添加能耗类型、时间、楼栋编码等附加信息，使用 XML 格式进行数据打包，并通过 TCP 协议进行数据远传。

3 数据采集器应配置不小于 64 MB 的专用存储空间，支持能耗数据本地 30 d 的存储。

5.4.4 数据采集器的配置和维护应符合下列要求：

1 应具有本地配置和管理功能，应具有支持软件升级功能。

2 应能支持接收来自数据中心的查询、校对等命令。

3 应能根据应用需要配置 RS-485 接口、RS-232 接口和以太网接口。

4 应能在不掉电情况下更换计量装置。

5 应具有识别和传输计量装置运行状态的能力，支持对数据采集接口、通信接口以及与采集器连接的计量装置的故障定位和诊断，并及时将故障信息传输到子系统管理服务器。

6 应以模块化功能配置支持不同的数据采集应用，支持本地数据传输和远程数据传输。

7 应能支持总线型或星型连接方式，以增加通用性和灵活度。在不同的连接方式下，数据采集器应有满足应用需要的通信端口，支持热插拔，即插即用。

5.4.5 对于无行业通信标准的计量装置，可使用数据采集器支持的其他协议，但应减少同一网络中多种协议互相转换带来的复杂性和系统不稳定性。

5.5 能耗数据传输系统设计

5.5.1 数据远传应符合下列规定：

1 地市级能耗数据中心应定时将能耗仪表原始数据（XML 格式）传输到省级数据中心服务器，上传频率不宜大于 1 次/d。XML 格式应符合相关规定。

2 未建数据中心的地、市，数据采集器应能将采集到的能耗数据定时传输到省级数据中心服务器，上传频率不宜大于 1 次/h。

3 在远传前数据采集器应对数据包进行加密处理。

4 如因传输网络故障等原因未能将数据定时传输，则待传输网络恢复正常后数据采集器应能利用存储的数据进行断点续传。

5.5.2 传输系统应包括能耗计量装置至建筑能耗监控室管理服务器之间的信息传输通道，即包括信息传输设备和传输缆线等。

5.5.3 系统传输方式应采用有线为主、无线为辅的方式。根据传输设备技术性能要求采用总线制传输方式、以太网传输方式，或两者混合应用方式。

5.5.4 传输系统性能和技术指标应保证监控室管理服务器与前端采集系统设备之间可靠通信。

5.6 监测控制室及能耗监测系统应用软件设计

5.6.1 监测控制室可独立设置，也可与建筑智能化系统设备总控室合用机房和供电设施。

5.6.2 能耗监测管理系统应用软件主要由数据采集、处理和发送模块组成。应用软件开发应符合《软件工程产品质量》GB/T 16260 的有关规定。

5.6.3 能耗数据采集模块应具有下列功能：

1 应提供各计量装置静态信息人工录入功能，应能设置各计量装置与各分类、分项能耗的关系。

2 应能灵活配置各计量装置通信协议、通信通道以及计量装置名称、安装等基本属性。

3 应能在线检测系统内各计量装置和传输设备的通信状况，具有故障报警提示功能。

4 应能灵活设置系统内各采集设备数据采集周期。采集频率能在 5 min 到 1 h 之间灵活配置。

5.6.4 能耗数据处理模块应具有下列功能：

1 需将除水耗量外各分类能耗折算成标准煤量，并得出建筑总能耗。如果是单一的用电能耗采集，建筑总能耗可以用千瓦时表示。

2 应能实时监测以自动方式采集的各分类、分项总能耗运行参数，并自动保存到相应数据库。

3 对需要人工采集的能耗数据应提供人工录入功能。

4 应能实现对以自动方式采集的各分类分项总能耗、单位面积能耗和人均能耗进行逐日、逐周、逐月、逐季、逐年汇总，并以坐标曲线、柱状图、饼图、报表等形式显示、查询和打印。人工方式采集的能耗以月为统计时段。

5 应能对各分类、分项能耗（标准煤量或千瓦时）、单位面积能耗和人均能耗（标准煤量或千瓦时）进行日、周、月、季、年同比或环比分析。

6 应能显示、查询、打印常用建筑能耗统计报表。

5.6.5 能耗数据发送模块应符合下列要求：

1 地市级数据中心应将建筑基本信息向省级数据中心通报。当建筑基本信息发生变化时应向省级数据中心通报变更。

2 应将逐时、逐日、逐周、逐月、逐季、逐年统计的各分类分项能耗数据发送至省级数据中心。

3 地市级数据中心向省级数据中心发送能耗数据频率应可按需灵活设置。

4 日数据、周数据、月数据、季数据和年数据分别在当日、当周、当月、当季、当年结束后发送。因故漏发，应在下一发送时段补发。

5 应通过 NTP / SNTP 协议与省级数据中心时间同步。

6 应采用身份认证和数据加密方式与省级数据中心通信和传输数据。具体见本规程附录 D。

5.6.6 系统软件应具有下列管理功能：

1 应具有良好的开放性。具有符合用户应用需要的后续开发功能，能在基本分析功能基础上，为用户提供个性化报表与分析模板。

2 应具有报警管理功能。可负责报警及事件的传送、报警确认处理以及报警记录存档。报警信息可通过不同方式传送至用户。

3 应提供用户权限管理、系统日志、系统错误信息、系统操作记录、系统词典解释以及系统参数设置等功能。

4 应具有管理主机数据存储、报警信息存储及统计功能。历史数据保存时间应大于 3 年。应自动对应用数据库进行备份，以防运行数据丢失或系统崩溃。

5.7 能耗计量装置的选型与设置

5.7.1 电能表的选型与设置应符合下列规定：

1 电能表精度等级应不低于1.0级。

2 电能表性能参数应符合相关行业标准、《交流电测量设备》GB/T 17215的规定，或由具有计量鉴定资格的电力设备检测单位检测合格。

3 电流互感器精度等级应不低于0.5级。

4 电流互感器性能参数应符合《电流互感器》GB 1208规定的技术要求。

5 根据实际配电支路情况选择合理变比的互感器，以确保电能表的正常运行。

6 同一组的电流互感器应选用型号、额定电流变比、准确度等级、二次容量均相同的互感器。

7 电能表应具有数据远传功能和RS-485标准串行电气接口，采用 MODBUS 标准开放协议或符合相关国家或行业标准。

8 电能表设置应符合下列原则：

1）为建筑物（群）供电的变压器出线侧总开关应安装电能表，并宜选用三相电力分析仪表。

2）空调、照明插座等低压配电主干线路和单台功率200 kW以上的设备供电回路应安装三相多功能电能表。

3）动力和机房等低压配电主干线路应安装三相多功能电能表。

4）末端有特殊需要的设备应单独安装电能表。

5）租赁使用的场所应安装电能表。

9 在既有建筑改造中，应充分利用现有配电设施和低压配电监测系统，合理设置分项计量所需的计量装置、计量表箱。分项计量改造不应改动供电部门计量表的二次接线，不应与计费电能表串接。

5.7.2 冷热量表的选型与设置应符合下列要求：

1 冷热量表性能参数应符合相关标准的规定，且冷热量表应显示热量、流量、累积流量、供回水温度和累积工作温度。

2 应选用工作温度及工作压力满足供热、空调供冷系统温度及压力条件的冷热量表。

3 根据工作流量和最小流量合理选择流量计口径，流量准确度、温度准确度要符合标准要求。

4 冷热量表应具有检测接口或数据通信接口，应优先选用具有 RS-485 标准串行接口或 MODBUS 电气接口的表具。当采用其他接口表具时，应符合相关标准的规定。

5 应考虑系统水质的影响，合理选择流量计类型。

6 应选用具有断电数据保护功能的冷热量表。当电源停止供电时，冷热量表应能保存所有数据；恢复供电后，能够恢复正常计量功能。

7 应选用抗电磁干扰的冷热量表，当受到磁体干扰时，不影响其计量特性。

8 冷热量表设置应符合下列原则：

1) 采用区域性热源和冷源时，宜在每栋单体建筑的热（冷）源入口总管上设置。

2) 租赁使用场所宜单独安装数字冷热量表。

3) 冷热量表的设置应不影响原有热（冷）量传导量和传导速度。

5.7.3 数字水表选型与设置应符合下列要求：

1 数字水表精度等级应不低于 2.5 级。

2 数字水表性能参数应符合《封闭满管道水流量的测

量饮用冷水水表与热水水表》GB/T 778.1 的规定。

3 数字水表应具有累计流量功能和计量数据输出功能。应优先选用具有 RS-485 标准串行接口或 M-BUS 电气接口的水表。当采用其他接口的水表时，应符合相关标准和规定。

4 水表配置应符合下列原则：

1）应根据不同使用性质及计费标准分类分别配置水表；

2）应在建筑物（群）市政给水管网引入总管处设置数字水表；

3)应在建筑物内部按经济核算单元及不同用途供水管设置数字水表；

4）应在给水、热水、中水以及直饮水等总供水管处设置数字水表；

5）应在厨房餐厅、洗衣房、游乐设施、公共浴池、绿化、机动车清洗、冷却塔、游泳池、水景等供水管上设置数字水表；

6）在采用地下水水源热泵为热源时，应在抽、回灌管道上设置数字水表；

7）宜在加压分区供水的贮水池、中水贮水池等的补水管上设置数字水表；

8）宜在高位水箱供水系统的水箱出水管上设置数字水表；

9)宜在满足水量平衡测试及合理用水分析要求的管段上设置数字水表。

5 在既有建筑改造工程中，应结合现场安装条件参照本条第 4 款规定的原则配置数字水表。

6 水表及其接口管径应不影响原系统供水流量，同时，满足《建筑给水排水设计规范》GB 50015 的相关要求。

5.7.4 数字燃气表的选型与设置应符合下列要求：

1 数字燃气表精度等级应不低于 2.0 级。

2 数字燃气表应根据使用燃气类别、安装条件、工作压力和用户要求等因素选择。

3 数字气表应具有累计流量功能和计量数据输出功能。应优先选用具有 RS-485 标准串行接口或 M-BUS 电气接口的表具。当采用其他接口表具时，应符合相关标准的规定。

4 数字燃气表设置应符合下列原则：

1）宜在建筑物（群）市政供气管网引入管处设置数字燃气表；

2）宜在厨房餐厅用气供气管处设置数字燃气表；

3）宜在锅炉供气管处设置数字燃气表；

4）宜在燃气机组供气管处设置数字燃气表。

5 既有建筑改造时，应结合现场安装条件参照本条第 4 款的规定配置数字燃气表。

5.7.5 可再生能源系统应采用相应的能量计量装置实时计量，并将其数据纳入该建筑物（群）的能耗监测系统中管理。

5.7.6 同一能耗监测系统中宜采用相同通信协议的计量装置。

6 施工与调试

6.1 一般规定

6.1.1 系统建设及设备选型应考虑建筑物规模、监测点数量、管理模式等因素，应与具体的功能要求相适应，以满足实际应用需求为原则。

6.1.2 施工单位应具有建筑电气或建筑智能化工程施工、机电安装、计算机信息系统集成资质任一一种资质，并拥有相关专业的技术人员和管理人员。

6.1.3 施工组织实施应符合国家和我省相关标准、规范、法规的规定。

6.2 能耗计量装置安装

6.2.1 对系统中使用的计量的检查装置应符合下列要求：

1 除检查产品外观和装箱清单、合格证书、技术说明书外，还应查看相关技术检测报告和证书，核对生产厂家。检查结果应符合系统设计要求。

2 对于使用数量较多或有特殊要求的，宜将计量装置送交相关检测单位作计量精度的抽样测试，测试结果应符合设计要求。

6.2.2 计量装置安装和调试应执行系统设计要求，同时应符合被监测供能系统的技术规范。

6.2.3 系统与其他建筑设备系统同步实施时，应与其他建筑设备系统安装同步进行。

6.2.4 系统安装施工过程质量控制应符合下列要求：

1 各工序应按相关施工技术标准进行质量管理和控制，应在上道工序完成并检验合格后方可实施下道工序，并按规定登记和记录。

2 隐蔽工程应检验合格并签字确认后方可被覆盖。

3 系统调试阶段应逐点核对计量装置地址无误，逐项核对分类、分项能耗与现场计量装置读数，达到设计规定的精度和标准。

4 工程调试完成经建设单位同意后投入系统试运行。应保存系统试运行全部记录。

6.2.5 施工组织实施应符合国家和我省相关标准、法规的规定。

6.2.6 既有建筑的能耗监测系统工程改造宜停电施工，并应符合下列要求：

1 获取表具输入电压信号时应停电施工。从开关出线端引出电压，接入带有保险丝的端子排上。

2 获取表具输入电流信号时，若互感器二次出线侧有可供短路的端子排，可在不停电状况下，通过端子排短接互感器二次侧后，获取输入电流。

3 维护或更换计量装置时，可不停电施工，但必须在配电室当值人员监督下断开输入电压的保险丝，短接互感器二次侧的端子排，核对表具输入线路后实施。

6.3 传输线缆敷设及设备安装

6.3.1 单独布放传输线缆的，应根据工程进度适时按设计要求预设布放缆线的线管、线槽，并符合下列规定：

1 线管宜采用钢管，并应满足设计规定的管径利用率，按要求规范敷设。

2 线槽宜采用金属密封线槽，按设计规定的路由敷设。

3 线槽安装位置左右偏差应不大于 50 mm，水平偏差每米不大于 2 mm，垂直线槽垂直度偏差应不大于 3 mm。

4 金属线槽、金属管各段之间应保持良好的电气连接。

5 缆线敷设前，管口应做防护；敷设后，管口应封堵。

6 室外管井应按设计要求制作，并应做好防压、防腐和防水措施。

6.3.2 系统使用的缆线应在进场时作下列检验：

1 检查所附标志、标签及标注的型号和规格，应与设计相符。

2 查验本批量电气性能检验报告，符合设计要求。

3 检查外包装应完好，并抽样作观感、长度检查。外包装损坏严重、缆线观感异常、光缆护套有损伤的，应进行测试。检查、测试合格后方可使用。

6.3.3 查验传输系统使用的浪涌保护器以及信息转换器、中继器、放大器等中间传输设备，应包装完好，并具有完整的装箱清单、产品合格证书和技术说明文件，其规格、型号应符合设计要求。

6.3.4 线缆在保护管、保护线槽内布放，应符合下列规定：

1 布放自然平直，不扭绞、不打圈、不接头、不受外力挤压。

2 敷设弯曲半径应符合规范。

3 与电力线、配电箱、配电间应按规定保持足够距离。

4　线缆终接端应留有冗余，冗余长度应符合规范要求。

5　缆线两端应作标识，标识应清晰、准确，符合设计图纸的规定。与其他弱电系统共用线槽敷设的缆线，应具有明显特征区分，或间隔以标识标记，标识间隔宜不大于5 m。

6.3.5　线缆应按设计规定接续，应接续牢固，保持良好接触。对绞电缆与连接件连接应按规定的连接方式对准线号、线位色标。在同一工程中两种连接方式不得混合使用。

6.3.6　设备箱、柜安装应符合下列规定：

1　设备箱、柜安装部位应满足设计要求，并符合建筑环境的布局。箱、柜前应留有开门的空间距离，宜不小于800 mm。

2　箱、柜安装应稳定、牢固，垂直偏差不应大于3 mm。带箱设备直接在安装墙面上时，应装置背板。

3　机柜应通过底座安装于地面，不应直接安装在活动地板上。

6.3.7　无线传输网络天线安装应满足设计要求，并根据现场场强测试数据确定安装部位。干路放大器、功分器、耦合器等设备中间设备宜采用保护箱安装。

6.4　机房工程

6.4.1　省、市级数据中心机房标准不应低于《电子信息系统机房设计规范》GB 50174 中规定的 C 级标准，建筑能耗监控室应符合《民用建筑电气设计规范》JGJ 16 中关于电子信息设备机房的规定。

6.4.2　系统服务器、数据备份设备、用于与传输系统连接的接口设备、数据输出设备、打印设备，以及用于数据发送的网络设备、网络安全设备、UPS电源等，进场时应根据设计要求查验无误，具有序列号的设备应登记其序列号。网络设备开箱后应通电检查，指示灯应正常显示，并正常启动。

6.4.3 机房设备安装应固定牢固、整齐，便于管理，盘面安装的设备应便于操作。设备连接缆线应符合设备使用要求，并正确连接。

6.4.4 机房设备应以标签标明，网络设备应标注网络地址，连接缆线应按照设计正确标示。

6.5 系统调试

6.5.1 系统调试前应做下列调试准备：

1 应备齐和阅读下列文件：

1）系统全部设计文件及施工过程中对设计图纸、资料的修正和变更；

2）能耗计量装置及系统产品的使用说明和技术资料。

2 编拟系统调试大纲，应包括调试程序、测试项目、测试方法、与被计量用能系统协调方案、相关技术标准和指标等。

3 备齐调试需要的专用工具和检测仪器、仪表。

4 现场查对计量装置、传输系统中间设备安装部位和数量，确定与设计图纸、设计变更和安装记录无误，安装外观、工艺应符合规范要求。

5 在计量管理系统中设定信息采集点、计量装置的编码地址，建筑能耗分类、分项，申请建筑能耗监测系统在数据发送通信网络中的地址和编码，并查对无误。

6 检查系统内所有有源设备供电电源和接地，应准确无误。

7　查验被计量用能系统，应具备计量数据采集条件。

6.5.2　使用装有节能监测管理系统的笔记本电脑，应逐一连接能耗计量装置数据输出接口，按下列步骤查对信息采集数据与计量装置盘面数值：

1　设定初始值。对于具有计量数据积累的信息采集设备，应设定计量初始值与计量装置盘面数据一致。

2　按供能系统规范和操作标准开启能耗负载，检查信息采集数据和计量装置盘面数据，应正常显示，两者误差符合设计规定。

3　调试完毕复原能耗计量装置与传输系统的连接。

6.5.3　分类分项调试应符合下列规定：

1　按能耗分类方法，应分别根据下列步骤对各类能耗计量系统进行系统调试：

1）全部开启监测系统信息传输和监测管理系统，显示被调试分类能耗的数据显示界面和数据列表；

2）按供能系统的规范和操作标准，开启同类用能负载，观察数据变化。管理服务器分类、分项能耗统计数据应随能耗过程显示增量和总量。逐一核对能耗计量装置、数据采集点地址编码应正确无误，各计量装置能耗盘面值与管理服务器界面各类、各项数据统计值，其误差不超过设计规定。

2　分类、分项调试可根据工程实际和用能分类、分项实际，分步、分次进行，也可集中一次性完成。但一次调试过程中计量系统连续运行应不少于 1 h，对每个计量装置能耗数据连续采集不少于 4 次。

3　在分类、分项调试过程中，应同时检查系统在线监测功能和报警功能，其性能应符合设计要求。

6.5.4 对于在调试中难以启用的能耗负载，宜在数据采集输入端加装模拟负载或计量器具，实现整个节能监测系统自始端数据采集至末端信息处理全过程运行。核对模拟计量器具发送数据与管理服务器统计数据，其误差应符合设计指标。

6.5.5 数据发送功能的调试应符合下列要求：

1 系统数据发送调试应事先申报，经上级数据中心和相关管理部门同意，按照上级数据中心或相关管理部门的安排进行。

2 检查与上级数据中心和物业管理部门通信网络，应顺畅无误。

3 检查身份认证和数据加密传输，应准确、有效，符合设计要求。

4 核查系统自动发送能耗计量数据的内容、发送速度和精度，均应符合设计要求。

7 系统检测

7.1 一般规定

7.1.1 系统检测应在系统试运行期满后进行，试运行期限应不少于一个月。

7.1.2 系统检测应委托具有资质的第三方专业检测机构实施。

7.1.3 系统开通后检测，应向上一级能耗监管中心报告并获同意。

7.1.4 系统检测范围应包括对设备安装、施工质量检查，系统功能、性能测试以及系统安全性检查。

7.1.5 系统检测前，应完成在系统调试、系统试运行期间发现的所有不合格项的整改。

7.1.6 设计、施工单位应提交下列主要技术文件和资料：

1 系统设计全套文件（包括设计变更）。

2 设备材料清单及进场检验表单，设备使用说明书及技术文件。

3 隐蔽工程和有关施工过程的检查、验收记录。

4 系统调试、自检记录。

5 系统试运行报告。

7.1.7 对系统内水、燃气、燃油、供热（冷）量、太阳能发电计量装置和变压器出线侧电能计量装置现场检测应采用全检方式。其余电能计量装置宜采用随机抽样检测，抽样检测的抽样率应不低于该部分设备总量的 20%,且不少于 3 台。

设备少于 3 台时，应全检。

7.1.8 系统检测分为主控项目和一般项目，检测结果符合下列规定判合格：

1 主控项目的抽样检测应全数合格；

2 一般项目的抽样检测除有特殊要求外，计数合格率不应小于 80%。

7.1.9 检测中出现不合格项时，允许整改后进行复测。复测时抽样数量应加倍并应包含前次检测的不合格项，复测仍不合格则判该项不合格。

7.1.10 检测单位应在检测后出具检测报告。

7.2 主控项目

7.2.1 能耗数据采集系统的检测应符合下列规定：

1 现场检查计量装置安装质量，应符合本规程第 6.2 条要求。对安装方向和位置具有特定要求的计量装置，需检查其安装、接线及计量方法，应符合计量原理。

2 采集误差检测应符合下列规定：

1）通过对比法检测数据现场采集精度。采用经过量值溯源高一级精度的检测仪表，比对现场计量装置采集数据，累计水流量采集示值误差不应大于 ± 2.5%（管径不大于 250 mm）及 ± 1.5%（管径大于 250 mm）；有功电度采集示值误差不应大于 ± 1%；累计燃气流量采集示值误差不应大于 ± 2%。

2）受现场条件限制，无法采用测量仪表进行检测的，可利用现场设备核对方式验证。

3）对所有变压器高压侧计量电耗之和与低压侧计量电

耗之和，其差值应在变压器合理损耗范围之内，比对时间不少于1 h。

4）在正常用电时段，比对变压器低压侧计量的电耗数据与其引出支路上所有电耗之和，比对时间应不少于1 h。

7.2.2 传输系统检测应符合下列要求：

1 核对传输系统使用的设备、缆线进场记录和文件，其规格、型号应符合设计要求。

2 现场检查传输系统所有设备，其安装位置、安装方式、供电和接地，应符合设计要求。查验设备接线标识，应规范、正确，符合设计图纸。设备分布合理，安装牢固，观感协调。

3 使用电缆测试仪、光功率计等测试仪器检测系统内各链路技术指标，应符合设计要求。

4 无线传输网络应正常覆盖能耗信息采集点，信号强度达到规定数值，保证信息传输顺畅。

7.2.3 系统监测数据准确性检测应符合下列要求：

1 检查系统管理服务器显示的计量装置编码地址与现场计量装置编码地址，二者应一致；检查能耗分类、分项与计量装置的用途归类，二者应一致。

2 检查系统管理服务器显示的能耗监测数值、数据库内存储数值与计量装置盘面值的一致性和实时性。

7.2.4 系统功能检测应根据系统管理软件设计功能采用黑盒法进行功能性验证，并符合下列要求：

1 数据采集功能应符合本规程第5.6.3条规定或设计要求，并符合下列规定：

1）人为中断监测中心（室）与前端采集系统设备之间

的通信链路，检查链路恢复后系统是否自动恢复通信，并在下一发送时段补发数据，核查发送数据，应准确、完整；

2)人为将计量装置与前端采集系统设备之间的通信链路断开，检查是否报警。系统报警响应时间应不大于 20s。故障消除后，系统应自动恢复正常采集。

2 数据处理功能应符合本规程第 5.6.4 条规定或设计要求。

3 数据发送功能应符合本规程第5.6.5条规定或设计要求。其中系统可维护功能应采用模拟检测方式，人为中断向上一级能耗监管中心及物业管理部门数据发送的通信网络，检查网络恢复后系统是否自动恢复通信，并在下一发送时段补发数据，核查发送数据，应准确、完整；

4 检查系统其他管理功能，应符合本规程第 5.6.6 条规定或设计要求。具体应包括下列内容：

1）检测管理服务器数据存储、报警信息存储、统计情况，存储历史数据保存时间应大于 3 年。

2）检查系统管理服务器操作便捷性和直观性，应具中文操作界面，图形切换流程清楚易懂，报警信息显示和处理直观、有效。

3）检测数据库备份等系统的冗余和容错功能，应符合设计要求。

4）检测各类计量参数报警、通信报警和设备报警的存储、统计、查询与打印等功能，均应符合设计要求。系统报警响应时间应不大于 20 s。故障消除后，系统应自动恢复正常采集。

5）检查系统管理和操作权限，应能保证系统操作的安全性，并符合设计要求。

7.2.5 系统安全性检查：检查安全设备应规范连接；检查安全策略应加载启用，安全策略禁止的数据包应被过滤，非禁止的数据包应正常通过；检查系统日志应无错报信息。

7.3 一般项目

7.3.1 检查系统各类控制箱（柜）安装牢固、规范，应符合《建筑电气工程施工质量验收规范》GB 50303 的相关规定，并符合设计文件和产品技术文件的要求。

7.3.2 检查系统传输线缆的敷设，应规范、整齐，接线正确、牢固，并标识明晰，穿线管管口防护、封堵规范，符合《综合布线系统工程验收规范》GB 50312 的规定。

7.3.3 检查管理系统操作界面，应为标准图形交互界面，风格统一，层次简洁，含义清晰。对系统开放性做出评测，应符合设计要求。

7.3.4 能耗监测数据中心机房供配电、布线、接地及使用环境应符合设计要求和《电子信息系统机房施工及验收规范》GB 50462 的规定。

8 系统验收

8.1 一般规定

8.1.1 设置能耗监测系统的新建、改建、扩建、既有建筑节能改造项目应组织专项验收，验收由建设单位负责组织设计单位、施工单位、监理单位或技术支撑单位和上级数据中心进行，验收不合格不得投入使用。

8.1.2 能耗监测系统验收应根据其工程特点进行系统分项验收和竣工验收。

8.1.3 验收不合格项应发出整改通知。施工单位应按照通知规定的期限予以整改，整改后应组织复验，直至合格。

8.1.4 所有验收应做好记录，签署文件，立卷归档。

8.1.5 验收结果应报建设行政主管部门或其委托的建筑节能管理机构备案。

8.2 新建建筑

8.2.1 对要求设置能耗监测系统的项目，建设单位在组织工程项目竣工验收时应将该系统纳入竣工验收内容，验收不合格不得通过建筑能效测评，不得投入使用。

8.2.2 能耗监测系统验收应根据其工程特点进行分项工程验收和竣工验收。

8.2.3 分项工程验收应由监理工程师（或建设单位相关负责人）组织施工单位项目负责人等进行验收。

8.2.4 能耗监测系统完工后，施工单位应自行组织有关人员进行检验评定，并向建设单位提交竣工验收申请报告。

8.2.5 建设单位收到工程竣工验收申请报告后，应由建设单位项目负责人组织设计、施工、监理等单位相关负责人联合进行竣工验收。

8.2.6 验收不合格项应发出整改通知。施工单位应按照通知规定的期限予以整改，整改后应组织复验，直至合格。

8.2.7 所有验收应做好记录，签署文件，立卷归档。

8.2.8 竣工验收未通过的，不予进行工程质量竣工备案。

8.2.9 分项工程验收应符合下列规定：

1 分项工程验收应根据工程特点分期进行。

2 对影响工程安全和系统性能的工序，必须在本工序验收合格后才能进入下一道工序的施工。分项工程验收包括以下部分：设备进场，应进行系统设备验收；核对产品技术文件和设计文件，检查计量装置和系统设备选择是否符合设计要求和本规程第 5.7 条的规定，其型号、规格和技术性能参数是否符合国家相关标准、规范要求；其数量应满足设计要求。

3 计量装置和系统设备安装完成后，应进行安装质量验收。

4 在隐蔽工程隐蔽前，应进行施工质量验收。

8.2.10 竣工验收应符合下列规定：

1 工程移交用户前，应进行竣工验收。竣工验收应在分项工程验收和第三方检测合格后进行。

2 竣工验收应提交下列资料：

1） 设计及设计变更文件，竣工图纸文件及相关资料；

2）系统主要材料、设备、仪表的出厂合格证明或检验资料；

3）工程施工资料、隐蔽工程验收记录；

4）系统操作和设备维护说明书；

5）系统调试和试运行记录；

6）系统第三方检测报告。

3 工程竣工图纸、资料一式六份，经建设单位签收盖章后，存档备查。

4 工程移交应符合下列规定：

1）应完成对运行人员技术培训；

2）建设单位或使用单位落实专人操作、维护，建立系统操作、管理、保养制度；

3）工程设计、施工单位签署并履行售后技术服务承诺。

8.3 既有建筑

8.3.1 验收阶段划分能耗动态监测系统验收根据工程进度分为楼宇分项计量工程验收、数据中心（数据中转站）验收和能耗监测系统总验收三部分。

8.3.2 国家建设主管部门是能耗动态监测部级能耗监测系统的验收责任主体，市建设行政主管部门是市级能耗监测系统的验收责任主体。

8.3.3 楼宇分项计量工程验收应符合下列规定：

1 应符合下列验收条件

1）完成楼宇分项计量装置安装。

2）计量装置在真实条件下运行1周以上。对于有明显用能周期变化的计量装置，可独立验收。

3）设计、施工资料齐全。

2　楼宇分项计量工程验收由市建设主管部门、设计单位、业主、监理单位、施工单位联合进行。

3　楼宇分项计量工程验收以《分项能耗数据采集技术导则》《楼宇计量装置技术导则》《分项能耗数据传输技术导则》相关技术要求为标准，着重验收计量装置安装的合理性、数据传输的稳定性和楼宇能耗数据采集与分项计算的准确性。

8.3.4　能耗监测系统初步验收应符合下列规定：

1　应符合以下验收条件

1）完成至少5个楼宇分项计量工程验收；

2）完成数据中心（或数据中转站）机房建设，服务器和存储设备安装和软件部署；

3）完成能耗监测系统软件的第三方检测；

4）能够正常接收楼宇能耗计量装置上传的数据并进行分项计算；

5）能够按时、按质向上一级数据中心上传数据；

6）设计、施工、检测资料齐全。

2　能耗监测系统初步验收由市建设主管部门、集成单位、开发单位、监理单位联合进行。

3　能耗监测系统初步验收以能耗监测系统相关技术导则要求为标准，着重验收数据中心和系统软件在数据接收、转换、存储、上传、访问服务等方面的能力。

8.3.5　能耗监测系统正式验收应符合下列规定：

1 应符合下列验收条件

1）完成全部楼宇分项计量工程验收；

2）完成能耗监测系统初步验收；

3）设计、施工、检测、初步验收等文档资料齐全。

2 能耗监测系统总验收采用专家评估（鉴定或评审）验收方式。

3 能耗监测系统总验收的目的在于检验系统总体目标是否完全达成，着重验收系统功能设置的正确性、完整性，能耗监测管理办法和保障措施，系统数据上报的及时性、完整性和稳定性。

9 系统运行维护

9.0.1 施工单位应按合同规定及售后技术服务承诺履行保质期内系统维护保养，并提供维护保养所需要的备品备件。

9.0.2 系统使用管理单位应通过系统运行的实践及上级数据中心的要求不断健全系统运行管理，包括通信运行管理、服务器运行管理、软件运行管理、防病毒软件运行管理、故障实时处理与上报等等。

9.0.3 系统故障应及时修复。因故障而造成系统停止或非正常运行的时间应不超过 24 h，并确保能耗累计数据不丢失。

9.0.4 系统保质期满，使用管理单位应及时落实系统维护保养单位，并签署系统维护保养合同。维护保养单位应具有建筑智能化工程专业承包资格，并拥有与能耗监测系统相关专业的技术人员。

9.0.5 建筑能耗监测系统应定期校验，校验方法按本规程第 7.2.1 条中第 2 款的规定进行。

9.0.6 数据中心的日常维护包括日常设备维护、日常数据维护、系统安全维护、新的数据处理和分析、新的运用开发等。

附录 A　建筑基本情况数据表

建筑地址：______省（自治区、直辖市）______地（区、市）____________

建筑代码：

填表日期：　　　　　　　　　　　　　　　　　　　　　______年______月______日

能耗监测工程验收日期：　　　　　　　　　　　　　　　______年______月______日

序号	1	2	3	4	5	6	7	8	9	10	11	12	13	14	15	16	17	18	19	20	21	22	23
项目	建筑名称	建设年代	建筑层数(层)	建筑功能	建筑总面积(m^2)	空调面积(m^2)	采暖面积(m^2)	建筑空调系统形式	建筑采暖形式	建筑体型系数	建筑结构形式	建筑外墙形式	建筑外墙保温形式	建筑外窗类型	建筑玻璃类型	窗框材料类型	经济指标				附加项1	附加项2	附加项3
																	电价	水价	气价	热价			

说明：1　本表由建筑所在地各级建设行政主管部门组织填报；

2　建筑地址：前两位为系统自动生成，地（区、市）以下手工填写；

3　建筑代码：应填写10位编码，第1～6位数编码为建筑所在地的行政区划代码，第7位数编码为建筑类别编码，第8～10位数编码为建筑识别编码；

4　填表日期：年度、月、日空白处均应填写2位数字编码；

5　能耗监测工程验收日期：年度、月、日空白处均应填写2位数字编码；

6　建设年代：应填写4位数字编码；

7　建筑功能：应填写1位大写英文字母代码A～H，“A”表示办公建筑，“B”表示商场建筑，“C”表示宾馆饭店建筑，“D”表示文化教育建筑，“E”表示医疗卫生建筑，“F”表示体育建筑，“G”表示综合建筑，“H”表示其他建筑；

8　建筑空调系统形式：应填写1位大写英文字母代码A～D，“A”表示集中式全空气系统，“B”表示风机盘管+新风系统，“C”表示分体式空调或VRV的局部式机组系统，“D”表示其他（请注明）：____________；

9　建筑采暖形式：应填写1位大写英文字母代码A～D，“A”表示散热器采暖，“B”表示地板辐射采暖，“C”表示电辐射采暖，“D”表示其他（请注明）：____________；

10　建筑结构形式：应填写 1 位大写英文字母代码 A ~ F，“A”表示砖混结构，“B”表示混凝土剪力墙，“C”表示钢结构，“D”表示木结构，“E”表示玻璃幕墙，“F”表示其他（请注明）：____________；

11　建筑外墙形式：应填写 1 位大写英文字母代码 A ~ F，“A”表示实心黏土砖，“B”表示空心黏土砖（多孔），“C”表示灰砂砖，“D”表示加气混凝土砌块，“E”表示混凝土小型空心砌块（多孔），“F”表示其他（请注明）：____________；

12　建筑外墙保温形式：应填写 1 位大写英文字母代码 A ~ D，“A”表示内保温，“B”表示外保温，“C”表示夹芯保温，“D”表示其他（请注明）：____________；

13　建筑外窗类型：应填写 1 位大写英文字母代码 A ~ G，“A”表示单玻单层窗，“B”表示单玻双层窗，“C”表示单玻单层窗+单玻双层窗，“D”表示中空双层玻璃窗，“E”表示中空三层玻璃窗，“F”表示中空充惰性气体，“G”表示其他（请注明）：____________；

14　建筑玻璃类型：应填写 1 位大写英文字母代码 A ~ D，“A”表示普通玻璃，“B”表示镀膜玻璃，“C”表示 Low-e 玻璃，“D”表示其他（请注明）：____________；

15　窗框材料类型：应填写 1 位大写英文字母代码 A ~ D，“A”表示钢窗，“B”表示铝合金，“C”表示木窗，“D”表示断热窗框，“E”表示其他（请注明）：____________；

16　附加项 1 ~ 3 栏：应分项填写区分建筑用能特点情况的建筑基本情况数据。

A 办公建筑：“附加项 1”表示办公人员人数；

B 商场建筑：“附加项 1”表示商场日均客流量，“附加项 2”表示运营时间；

C 宾馆饭店建筑：“附加项 1”表示宾馆星级（饭店档次），“附加项 2”表示宾馆入住率，“附加项 3”表示宾馆床位数量；

D 文化教育建筑：“附加项 1”表示影剧院建筑和展览馆建筑的参观人数、学校学生人数；

E 医疗卫生建筑：“附加项 1”表示医院等级，“附加项 2”表示就诊人数，“附加项 3”表示床位数；

F 体育建筑：“附加项 1”表示体育馆建筑客流量或上座率；

G 综合建筑：各“附加项”中应分项填写不同建筑功能区中区分建筑用能特点情况的建筑基本情况数据；

H 其他建筑：各“附加项”中应分项填写其他建筑中区分建筑用能特点情况的建筑基本情况数据。

附录 B　能耗数据编码方法

B.1　范围

B. 1. 1　为保证数据得到有效的管理和支持高效率的查询服务，实现数据组织、存储及交换的一致性，制定本编码规则。

B. 1. 2　本编码规则适用于能耗数据的计算机或人工识别和处理。

B.2　能耗数据编码方法

B. 2. 1　能耗数据编码规则为细则层次代码结构，主要按 7 类细则进行编码，包括：行政区划代码编码、建筑类别编码、建筑识别编码、分类能耗指编码、分项能耗编码、分项能耗一级子项编码、分项能耗二级子项编码。编码后能耗数据由 15 位符号组成。若某一项目无须使用某编码时，则用相应位数的“0”代替。

1　行政区划代码编码

第 1～6 位数编码为建筑所在地的行政区划代码，按照《中华人民共和国行政区划代码》GB/T 2260 执行，编码分到市、县（市）。原则上设区市不再分市辖区进行编码。四川省市（州）行政区划代码应符合表 B.2.1-1 的规定：

表 B.2.1-1　四川省市（州）行政区划代码

代码	名称
510100	成都市
510300	自贡市
510400	攀枝花市
510500	泸州市
510600	德阳市
510700	绵阳市
510800	广元市
510900	遂宁市
511000	内江市
511100	乐山市
511300	南充市
511400	眉山市
511500	宜宾市
511600	广安市
511700	达州市
511800	雅安市
511900	巴中市
512000	资阳市
513200	阿坝藏族羌族自治州
513300	甘孜藏族自治州
513400	凉山彝族自治州

2 建筑类别编码

第 7 位数编码为建筑类别编码，用 1 位大写英文字母表示，如 A，B，C，…，F。编码编排应符合表 B.2.1-2 的规定。

表 B.2.1-2 建筑类别编码

建筑类别	编码
办公建筑	A
商场建筑	B
宾馆饭店建筑	C
学校建筑	D
医疗卫生建筑	E
体育建筑	F
交通建筑	G
综合建筑	H
其他建筑	I

3 建筑识别编码

第 8~10 位数编码为建筑识别编码，用 3 位阿拉伯数字表示，如 001，002，…，999。根据建筑基本情况数据采集指标，建筑识别编码应由建筑所在地的县市建设行政主管部门统一规定。建筑识别编码结合行政区划代码编码后，应保证各县市内任一建筑识别编码的唯一性。

4 分类能耗编码

第 11、12 位数编码为分类能耗编码，用 2 位阿拉伯数字表示，如 01，02，…。编码编排应符合表 B.2.1-3 的规定：

表 B.2.1-3 建筑识别编码

能耗分类	编码
电	01
水	02
燃气（天然气或煤气）	03
集中供热量	04
集中供冷量	05
其他能源	06
煤	07
液化石油气	08
人工煤气	09
汽油	10
煤油	11
柴油	12
可再生能源	13

5 分项能耗编码

第 13 位数编码为分项能耗编码，用 1 位大写英文字母表示，如 A，B，C，…。编码编排应符合表 B.2.1-4 的规定。

表 B.2.1-4 分项能耗编码

分项能耗	编码
照明插座用电	A
空调用电	B
动力用电	C
特殊用电	D

6　分项能耗一级子项编码

第 14 位数编码为分项能耗一级子项编码，用 1 位阿拉伯数字表示，如 1，2，3，…。编码编排应符合表 B.2.1-5 的规定。

表 B.2.1-5　分项能耗一级子项编码

分项能耗	分项能耗编码	一级子项	一级子项编码
照明插座用电	A	房间照明与插座	1
		公共区域	2
		室外景观	3
空调用电	B	冷热源系统	1
		空调水系统	2
		空调风系统	3
动力用电	C	电梯	1
		水泵	2
		通风机	3
特殊用电	D	信息中心	1
		洗衣房	2
		厨房	3
		游泳池	4
		健身房	5
		洁净室	6
		其他	7

7　分项能耗二级子项编码

第 15 位数编码为分项能耗二级子项编码，用 1 位大写英文字母表示，如 A，B，C，…。编码编排应符合表 B.2.1-6 的规定。

表 B.2.1-6　分项能耗二级子项编码

二级子项	二级子项编码
冷机	A
冷却泵	B
冷却塔	C
电锅炉	D
采暖循环泵	E
补水泵	F
定压泵	G
冷冻泵	H
加压泵	I
空调机组	J
新风机组	K
风机盘管	L
变风量末端	M
热回收机组	N

8　能耗数据编码结果示意图见图 B.2.1。

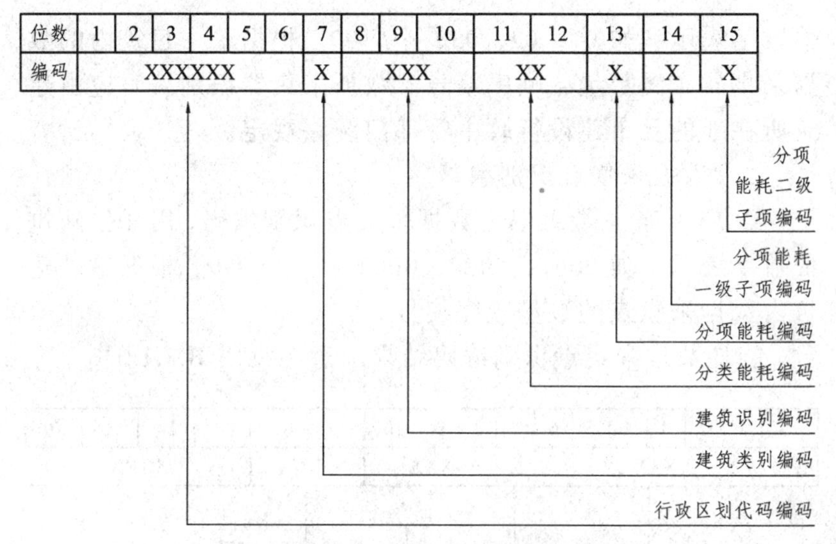

图 B.2.1　能耗数据编码结果示意图

B.3　能耗数据采集点识别编码方法

B. 3. 1　能耗数据采集点识别编码规则为细则层次代码结构，主要按 5 类细则进行编码，包括：行政区划代码编码、建筑类别编码、建筑识别编码、数据采集器识别编码和数据采集点识别编码。能耗数据采集点识别编码由 16 位符号组成。若某一项目无须使用某编码时，则用相应位数的“0”代替。

1　行政区划代码编码、建筑类别编码、建筑识别编码

行政区划代码编码（第 1 ~ 6 位）、建筑类别编码（第 7 位）、建筑识别编码（第 8 ~ 10 位）按照 B.2.1 条第 1 ~ 3 款规定的方法编码。

2　数据采集器识别编码

第 11、12 位数编码为数据采集器识别编码，用 2 位阿拉

伯数字表示，如 01，02，03，…，99。根据单一建筑内的数据采集器布置数量，顺序编号。数据采集器识别编码应由建筑所在地的县市建设行政主管部门统一规定。

3 数据采集点识别编码

第 13～16 位数编码为数据采集点识别编码，用 4 位阿拉伯数字表示，如 0001，0002，0003，…，9999，根据单一建筑内数据采集点的数量顺序编号。

能耗数据采集点识别编码结果示意图见图 B.3.1。

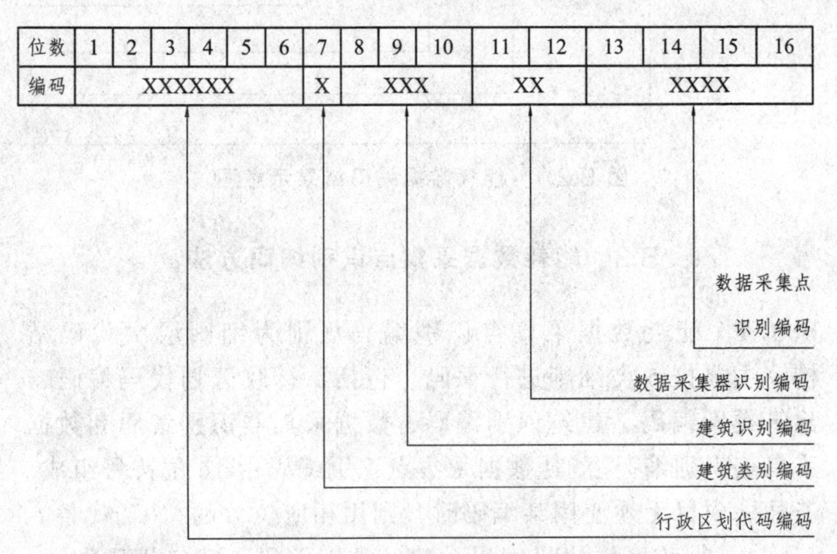

位数	1	2	3	4	5	6	7	8	9	10	11	12	13	14	15	16
编码	XXXXXX						X	XXX			XX		XXXX			

图 B.3.1 能耗数据采集点识别编码结果示意图

附录C　各类能源折算标准煤的理论折算值

C.0.1　我国规定每千克标准煤的含热量为29 306千焦（7 000千卡），以此可把不同类型的能源按各自不同的热值换算成标准煤，能源折标准煤系数可按照下式换算。单位重量的各类能源折算成标准煤的理论折算值应按表C.0.1的规定确定。

表C.0.1　主要种类能源折算成标准煤的理论折算值

序号	能源类型	标准煤量/各类能源量
1	电	1 229千克/万千瓦时
2	燃气（天然气）	12 143千克/万立方米
3	燃气（焦炉煤气）	5 714～6 143千克/万立方米
4	燃气（其他煤气）	3 570千克/万立方米
5	集中供热量	1 229千克/百万千焦
6	煤	0.714 3千克/千克
7	液化石油气	1.714 3千克/千克
8	汽油	1.471 4千克/千克
9	煤油	1.471 4千克/千克
10	柴油	1.457 1千克/千克

其他类型能源折算成标准煤的理论折算值按下式计算：

能源折标准煤=某种能源实际热值（千卡/千克）/7000（千卡/千克）　（C.0.1）

附录 D 数据采集器身份认证过程和数据加密

D.0.1 身份认证过程

1 数据中心使用 MD5 算法进行数据采集器身份认证，密钥长度为 128 bit，具体过程如下：

1）TCP 连接建立成功后，数据采集器向数据中心发送身份认证请求；

2）数据中心向数据采集器发送一个随机序列；

3)数据采集器将接收到的随机序列和本地存储的认证密钥组合成一连接串，计算连接串的 MD5 值并发送给数据中心；

4）数据中心将接收到的 MD5 值和本地计算结果相比较，如果一致则认证成功，否则认证失败。

2 认证密钥存储在数据中心和数据采集器的本地文件系统中，数据中心可以通过网络对数据采集器的认证密钥进行更新。

D.0.2 数据加密

使用 AES 加密算法对 XML 数据包进行加密，密钥长度为 128 bit。加密密钥存储在数据中心和数据采集器的本地文件系统中，数据中心可以通过网络对数据采集器的加密密钥进行更新。

本规程用词说明

1　为便于在执行本规程条文时区别对待，对要求严格程度不同的用词说明如下：

1）表示很严格，非这样做不可的：

正面词采用“必须”，反面词采用“严禁”；

2）表示严格，在正常情况下均应这样做的：

正面词采用“应”，反面词采用“不应”或“不得”；

3）表示允许稍有选择，在条件许可时首先应这样做的：

正面词采用“宜”，反面词采用“不宜”；

4）表示有选择，在一定条件下可以这样做的，采用“可”。

2　条文中指明应按其他有关标准执行的写法为：“应符合……的规定”或“应按……执行”。

引用标准名录

1 《建筑给水排水设计规范》GB 50015
2 《电子信息系统机房设计规范》GB 50174
3 《建筑给水排水及采暖工程施工质量验收规范》GB 50242
4 《建筑电气工程施工质量验收规范》GB 50303
5 《综合布线系统工程验收规范》GB 50312
6 《智能建筑工程质量验收规范》GB 50339
7 《建筑节能工程施工质量验收规范》GB 50411
8 《电子信息系统机房施工及验收规范》GB 50462
9 《民用建筑节水设计标准》GB 50555
10 《封闭满管道水流量的测量饮用冷水水表与热水水表》GB/T 778
11 《交流电测量设备》GB/T 17215
12 《基于Modbus协议的工业自动化网络规范》GB/T 19582
13 《民用建筑电气设计规范》JGJ 16
14 《公共建筑节能改造技术规范》JGJ 176
15 《电流互感器》CB 1208
16 《热量表》CJ 128
17 《多功能电度表》DL/T 614
18 《多功能电能表通信规约》DL/T 645

四川省工程建设地方标准

四川省公共建筑能耗监测系统技术标准

Technical specification for metering system of energy consumption of public building in Sichuan Province

DBJ51/T 076 - 2017

条 文 说 明

目　次

1 总 则

1.0.1 随着我国经济的发展，国家公共建筑能耗的问题日益突出。做好国家公共建筑的节能管理工作，对实现建筑节能规划目标具有重要意义。住房和城乡建设部确定了“建立全国联网的国家公共建筑能耗监测平台，逐步实现全国重点城市重点建筑动态能耗监测”的工作目标。通过对公共建筑安装分项计量装置，实现分类、分项能耗数据的实时采集、准确传输、科学处理、有效储存，为能耗监测、能耗统计、能源审计、能效公示提供数据支持，以更好的手段推进我省建筑节能的工作。

2 术　语

2.0.1 公共建筑是指供人们进行各种公共活动用的建筑。通常包含办公建筑（包括写字楼、政府部门办公楼等）、商场建筑（如百货商场、建材商场等）、宾馆饭店建筑（如大型酒店、饭店、宾馆等）、文化教育建筑（如学校、文化场馆等）、医疗卫生建筑（如医院、大型卫生类建筑）体育建筑（如体育场、运动场等）、综合建筑（如商场、金融、百货类结合的建筑）、其他建筑（指上述**7**种建筑类型外的公共建筑）。

2.0.11 建筑能耗监测系统的业主端控制室。监测系统软件在此配置、接收、处理本建筑物（群）内各能耗计量点发来的能耗数据及计量、采集、传输装置状态信息，将处理后的能耗信息分类、分项存储，根据实际需要可发送至上级数据中心和相关管理部门。

3 基本规定

3.0.3 建筑能耗监测系统采集的数据不仅要报送上一级能耗监管中心，让行政管理部门分析管辖区域内各公共建筑用能情况，也要直接提供给本建筑物（建筑群或小区）的业主单位或物业管理部门，便于及时了解用能变化动态，及时优化建筑设备运行、加强能耗管理。

4　能耗监测信息分类及分项

4.3　能耗数据分类、分项

4.3.1　水耗的采集内容主要有市政用水量数据的采集，至少包括所有市政引入的贸易水表，在特殊地区，还有市政温泉水和市政杂用水等。设有自备水源的建筑，还应对自备水源进行水耗数据的采集，以便统计总用水量。设有非传统水源利用的建筑，宜对非传统水源的用水量进行采集，以便统计非传统水源利用率。

5 建筑能耗监测系统设计

5.3 能耗数据中心设计

5.3.4 能耗数据中心系统平台的设计宜符合现行国家标准《电子政务系统总体设计要求》(GT/T 21064)的有关规定；能耗数据中心数据库结构，安全需求，数据上传、数据接收流程以及数据上传接口要求参见《国家公共建筑能耗监测系统软件开发指导说明书》；省级数据中心数据上报还应符合《国家公共建筑能耗监测系统数据上报规范》的规定执行。

5.3.5 对经过数据处理后的分类分项能耗数据进行分析汇总和整合，通过静态表格或者动态图表方式将能耗数据展示出来。

各级数据中心之间除了建筑能耗数据交换之外，还有系统消息交换的需求。与能耗数据交换方式类似，上下级数据中心之间也通过压缩的 XML 数据包进行消息数据交换。系统消息包解包后存入消息数据库，主要供业务人员和系统管理员查阅办理。

将能耗数据展示出来，目的为节能运行、节能改造、信息服务和制定政策提供信息服务。数据报表和数据图表包括各类日常工作的数据报表，以及对应不同度量值不同展示维度的数据图表。

1 数据报表是反映各监测建筑、各行政区域、不同类型建筑的监测状况和分类能耗状况的统计表格和分析说明文字，可分为日报表、周报表、月报表、年报表等，格式相对固定。

2 数据图表是反映各项采集数据和统计数据的数值、趋势和分布情况的直观图形和对应表格，可分为数据透视表、饼图、柱状图、线图、仪表盘或动画等，格式灵活，可交互操作。数据图表的度量值一般包括：能耗（或者总能耗）、单位建筑面积能耗、单位空调面积能耗和其他度量值（比如单位人均能耗、单位产值能耗等）；

3 展示维度一般包括：能耗分类、能耗分项、时间轴（可以细分为逐日、逐周、逐月、逐年、任选时间段等）、城市（行政区域）、建筑物类型等。

数据分析预处理主要是考虑到数据量比较大的时候，即时数据分析展示比较困难，应对数据进行预处理。

5.3.7 将建筑能耗监测信息经过整理后发布到数据中心的互联网网站上，以便社会公众了解和监督。另在有条件时，建议增设外部数据访问接口模块，在保证安全性的前提下，为政府国家机关或研究机构的其他应用提供数据访问接口。

5.3.8 信息维护子系统包括基础信息维护、专业配置信息维护、时间信息维护和用户权限管理维护等。

1 基础信息维护：建筑物基本信息、行政区域、建筑物类型、分类分项能耗数据字典及其他数据字典等基础信息维护。

2 专业配置信息维护：建筑物的监测支路配置信息维护。建筑物的分项计量方案（一般由分项计量工程的设计和施工单位提供）中必须清晰地包含其配置信息，包括建筑物能耗采集器信息、计量仪表信息及其参数、产品信息，采集器和计量仪表的对应关系，建筑物用能支路拓扑关系及各个回路计量仪表安装信息，建筑物分类分项能耗与用能支路之间的关系等。

3 时间信息维护：各级数据中心保持本系统时间与标准

时间的一致性，包括数据中心服务器时间、各建筑监测仪表和数据采集器的时间。

4 用户权限管理维护：包括用户组维护、用户维护、授权管理、权限验证等。由于整个系统架构采用了分布式数据库，授权系统的数据也应是分布式的，同时要求分级授权功能。

5.4 能耗数据采集系统设计

5.4.3 加、减、乘法等算术运算功能为：

1 加法运算，即从多个支路汇总某项能耗数据；

2 减法运算，即从总能耗中除去不相关支路数据得到某项能耗数据；

3 乘法运算，即通过典型支路，利用乘法法则计算某项能耗数据。

5.5 能耗数据传输系统设计

5.5.3 系统传输方式应取决于前端计量装置数量、分布、传输距离、环境条件、信息容量及传输设备技术要求等因素，应采用有线为主、无线为辅的传输方式。布线及电力线无法达到的地方，可采用无线传输方式。

5.5.4 前端采集设备和末端管理设备通信方式和协议不一致的应配置信息转换器（或信息变换器）。缆线传输距离超过规定值时，可配置转换装置采用光纤传输或按设备技术指标要求配置中继器。采用有线传输方式时，传输系统的信道回波损耗插入损耗近端串扰直流环阻传播时延非平衡衰减等技术指标除应满足设计要求外，还应符合《综合布线系统工程设计规范》GB 50311 的要求。采用无线传输方式时，其信号强度衰减信噪比干扰和抗干扰等技术指标应满足设计要求外，还应符合《无线寻呼网设备安装工程验收规范》YD/T5099 的要求。

5.6 监测控制室及能耗监测系统应用软件

5.6.2 应用软件应符合《公共建筑能耗监测系统软件开发指导说明书》中对软件功能框架的描述和对软件功能的要求。

5.6.3 仪表静态信息包括仪表编号、仪表型号、类型、精度、安装位置、使用范围、使用电流互感器的互感倍率、启用日期和最新标定时间等。对仪表通讯协议和通讯通道进行灵活配置，便于后期增加计量仪表。

5.6.2 表格形式和基本要求遵循《民用建筑能耗统计报表制度》规定。

5.7 能耗计量装置的选型与设置

5.7.2 电流互感器二次回路接线要求安装接线端子（具有短接功能）是为了保障安全及便于对表具日后维护。安装试验端子是为了便于负荷校表及带电换表。

5.7.4 水表安装位置的确定，是为保护水表不受损坏。对于旋翼式水表，为保证水表测量精度，规定了表前及表后的直线管段距离。

6 施工与调试

6.3 传输线缆敷设及设备安装

6.3.2 铜质线缆现场测试包括环阻、绝缘、衰减、串音等电气性能测试，光缆应作插入损耗指标测试。现场不具测试条件时，可抽样交具有认证的检测机构测试。测试应做记录。

6.3.3 如包装破损或发现异常，应模拟环境进行测试，各项电气性能指标测试应做记录。检查、测试合格后再使用。

6.4 机房工程

6.4.3～6.4.4 机房设备安装应同时遵守《智能建筑工程质量验收规范》GB 50339 第 5.2 节有关要求和《建筑电气工程施工质量验收规范》GB 50303 第 6 章等相关要求。